儿童财商故事系列

父母的钱是从哪里来的

曹葵 著

U0261322

四川科学技术出版社
·成都·

图书在版编目（CIP）数据

儿童财商故事系列. 父母的钱是从哪里来的 / 曹葵著. -- 成都 : 四川科学技术出版社, 2022.3
ISBN 978-7-5727-0274-7

Ⅰ. ①儿… Ⅱ. ①曹… Ⅲ. ①财务管理－儿童读物 Ⅳ. ①TS976.15-49

中国版本图书馆CIP数据核字（2021）第188810号

儿童财商故事系列 · 父母的钱是从哪里来的

ERTONG CAISHANG GUSHI XILIE • FUMU DE QIAN SHI CONG NALI LAI DE

著　　者　曹　葵
出 品 人　程佳月
策划编辑　汲鑫欣
责任编辑　王双叶
特约编辑　杨晓静
助理编辑　文景茹
监　　制　马剑涛
封面设计　侯茗轩
版式设计　林　兰　侯茗轩
责任出版　欧晓春
内文插图　浩馨图社
出版发行　四川科学技术出版社
地址：四川省成都市槐树街2号　邮政编码：610031
官方微博：http://weibo.com/sckjcbs
官方微信公众号：sckjcbs
传真：028-87734035
成品尺寸　160 mm × 230 mm
印　　张　4
字　　数　80千
印　　刷　天宇万达印刷有限公司
版　　次　2022年3月第1版
印　　次　2022年3月第1次印刷
定　　价　18.50元
ISBN 978-7-5727-0274-7
邮购：四川省成都市槐树街2号　邮政编码：610031
电话：028-87734035

■ 版权所有　翻印必究 ■

目录

父母的钱是用劳动挣来的 第1章 1

第2章 奇怪，为什么大家挣的钱不一样多呢 10

爸妈的工资条里有大学问 第3章 18

第4章 想赚钱就要有耐心 24

自己的钱自己赚，自己的责任自己担 第5章 31

第6章 每一种劳动都应该得到尊重 39

小朋友也能用双手挣来报酬 第7章 48

第8章 骗子多多，我们要学会保护辛苦挣来的钱 53

主要人物介绍

咚咚

古灵精怪，好奇心强，
想法多，勇于尝试

小亦

咚咚的妹妹，喜欢思考，
行动力强，善于沟通

咚爸

性格温和，
有耐心，
非常理解孩子

咚妈

脾气有些急，
但有爱心，
理解并尊重孩子

第1章

父母的钱是用劳动挣来的

小朋友们，你们知道吗？我们吃的每一粒米、穿的每一件衣服、用的每一支笔，都是用钱买来的。而我们花的每一分钱，都是爸爸妈妈用劳动挣来的。

别看哆哆现在这么擅长存钱、不乱花钱，其实她曾经也有段时间花起钱来大手大脚的，一点儿都不知道节省。

那是刚上二年级的时候。哆哆的生日快到了，她想在家里举办一个生日派对，还为自己设计了新发型——编了两条麻花辫。

“我要邀请我们班所有的同学来参加派对！”她算了算，一共有 31 个人呢。

“咱们家太小了，装不下这么多人！”哆爸为难地说。

“那我们可以去酒店啊！那里又大又漂亮，同学们一定会很羡慕我的！”哆哆可不想放弃这一年一次的机会。

“什么，去酒店？”哆爸觉得像他们这样的普通家庭去酒店给孩子举办生日派对，实在是太奢侈了。

最后，哆爸哆妈只同意在家里给她办一个小派对。

不过，哆爸哆妈还是给她买了一个超级大的蛋糕、一大堆零食、水果和装饰品，一共花了 1000 多元呢！

没过几天，哆哆又想买一辆平衡车。

“不行，平衡车不安全。”哆妈说。

“大家都在玩儿，我也要！”哆哆开始耍赖。

哆爸下班回家，刚到家门口就听到哆哆在大嚷大叫，心情更不好了。他因工作出了错，被扣了一半儿奖金呢！

“爸爸，我要一辆平衡车！”哆哆见到爸爸就嚷嚷着说。

“不行，我不会给你买的！”哆爸生气地说。

“坏爸爸！”哆哆觉得非常委屈，哭着跑回自己的房间，一个人坐在屋里哭，连好朋友咚咚来了都没察觉。

“你怎么哭了呢？”咚咚关心地问道。

“我想要一辆平衡车，可是我爸爸不想给我买！”哆哆看到好朋友来了，使劲儿倾诉自己的委屈。

“他们是你的爸爸妈妈，不是你的仆人，不需要答应你的每一个要求。”咚咚直截了当地说。

“只是一辆平衡车而已！”哆哆觉得这件事儿十分简单。

“买一辆平衡车要 1000 多元呢！”咚咚说，“你知道你爸爸一个月挣多少钱吗？你爸爸做什么工作？每天辛苦吗？”

“我不知道。”哆哆有些脸红，说，“别只问我，你知道你爸爸做什么工作吗？你知道他一个月挣多少钱吗？”

“我当然知道了！我爸爸是行政总厨，我周末去过爸爸工作的饭店，看到他不停地忙碌，可辛苦了！”咚咚心疼地说。

“哦。”哆哆从来没想过爸爸上班时在做什么，累不累，一个月能挣多少钱。

过了几天，哆哆对爸爸说：“爸爸，能带我去您工作的地方看看吗？”看爸爸有点儿为难，哆哆赶紧保证说：“我会很乖的，绝对不捣乱。”

“那好吧，过几天我找个合适的时间带你去公司看看吧。”哆爸很意外，女儿怎么突然想去他的公司呢？

终于到了和哆爸一起去上班的这一天。早上 6 点多钟，哆哆就被哆爸叫醒了，匆匆忙忙地洗漱、吃饭，然后和哆爸坐了一个小时的公交车才到了哆爸上班的公司。

进了公司，哆爸把哆哆领到办公室，让她在旁边看书，自己马上打开电脑，开始忙碌地工作。

哆哆看到爸爸不停地敲着键盘，一会儿沉思，一会儿叹气。这时，有人敲门进来说：“经理，总经理找您。”

“好的。”哆爸赶紧出去了。

哆爸回来时，脸色很难看。

“爸爸，您怎么啦？”哆哆关心地问。

“唉，我前几天工作出了疏漏，让公司损失了不少钱，总经理又对我发脾气了。”哆爸摸了摸自己的额头，好像有点儿头疼的样子。

“我能帮您什么忙吗？”哆哆问。

“你想怎么帮我？”哆爸勉强笑着问她。

哆哆往电脑屏幕上一看，上面是密密麻麻的数字和线条，她不好意思地笑着说：“我看不懂，恐怕帮不了您。”

哆爸笑了笑，继续工作。哆爸翻阅了很多资料，又在纸上算来算去，特别忙。

一整天，除了午饭时间之外，哆爸一直都在处理各种问题。到了下班时间，哆爸的工作还没有结束。

又过了很久，在回家的路上，哆哆问哆爸：“爸爸，你们公司是做什么的？”

“我们是广告公司，主要帮助客户推广各种商品，并制作广告。”哆爸解释道。

“您的工作是什么？”哆哆又问。

“我要找新客户、签订单，每多签一个订单，我的收入就会高一点儿。”哆爸说。

“签订单简单吗？”哆哆接着问。

“当然不简单啦！”哆爸说。

“有多难呢？”哆哆心中的疑问太多了，她想多了解一些哆爸的工作。

“比你做一道难题要难多啦！你做一道难题需要一个小时，但是我签一个订单可能要一个月，甚至一年呢！”哆爸说。

“爸爸，您真辛苦啊！”哆哆很心疼爸爸。

吃完晚饭后，哆哆问哆妈：“您每天的工作内容是什么？”

哆妈说：“我是护士，每天到医院后，给病人打针、输液、量体温、送药等，忙得脚不沾地，还要上夜班……”

“那您一个月能挣多少钱呢？”哆哆问。

“5000 多元吧。”哆妈回答。

“这么多！”哆哆觉得 5000 元是一笔巨款。

“你认为很多吗？”哆妈听后笑了，对她说，“我们一起来算一算咱们家一个月能剩下多少钱吧。”

“好的。”哆哆答应着。

“我和你爸爸的工资加起来是 15000 元，减去购房贷款 5000 元，购车贷款 2000 元，你的教育费用 1500 元，咱们一家三口的生活费 2500 元，还剩多少呢？”

哆哆在纸上一步一步地算着，然后说：“还剩 4000 元。”

“如果有人情往来或家人生病，以及平时买衣服、买鞋等，花得就更多了。”哆妈又说，“比如这个月，你的生日派对花了1000多元，买其他东西花了600多元。用剩下的4000元减去这些花销，还剩多少钱呢？”

哆哆边听边算，她惊讶地发现，15000元只剩下2000多元了。家里的钱花得这么快，和她还有很大的关系呢。

“妈妈，我不买平衡车了。”哆哆懂事地说。

“为什么？”哆妈问。

“我好像也没那么喜欢平衡车。”其实，她是觉得父母挣钱太辛苦了，不想增加他们的负担。

从此以后，哆哆变得更懂事了，不但不再乱花钱了，还有点儿财迷呢！

第2章

奇怪，为什么大家挣的钱不一样多呢

小朋友们，你们知道为什么大人们的收入不一样吗？有人说“因为大家的工作能力不一样”，有人说“因为大家的学历不一样”，还有人说“因为大家的工作经验不一样”，等等。他们说的都有道理，但这件事儿远比大家说的还要复杂呢！

咚妈在一家企业工作，是客服部门的一名普通职员。

这家企业近几年效益一直不太好，连员工的工资都快发不出来了。但是，最近公司传来了好消息：研发部门开发出一种新产品，吸引了很多客户购买，也许公司用不了多久就要赚大钱了。

可是，咚妈一点儿都不高兴。

“都是一个公司的，凭什么工资待遇差距这么大！”一天晚上，咚妈下班回家后愤愤不平地说。

咚爸纳闷儿地问：“这是怎么啦？”

“今天，领导给研发部的每个员工发了 20000 元的奖金，却一分钱都没给我们客服部发。”咚妈为此气愤不已。

“这是怎么回事儿呢？”咚爸问道。咚咚也看着咚妈。

“因为他们研发了新产品，让公司赚了钱。”咚妈说。

“那你们领导的确应该奖励他们啊！”咚爸说。

咚妈生气地说：“可是，这几个月来，我们不仅要服务客户，还要每天加班给研发部打印资料、整理文件，忙得团团转，却只得到最基本的工资——3000 元！”

“是不公平，但是也很合理。”咚爸说。

“合理？”咚妈很不认可咚爸的观点。

咚咚不太明白他们在讨论什么，静静地在一旁听着。

“你们部门负责的这些工作很多人都能做，可是研发部就不同了，他们负责开发新产品，是公司的核心部门，工资待遇自然会更好。”咚爸想了想，给咚妈解释了一番，“唉，可能是你们公司前段时间不景气，资金不足吧？”

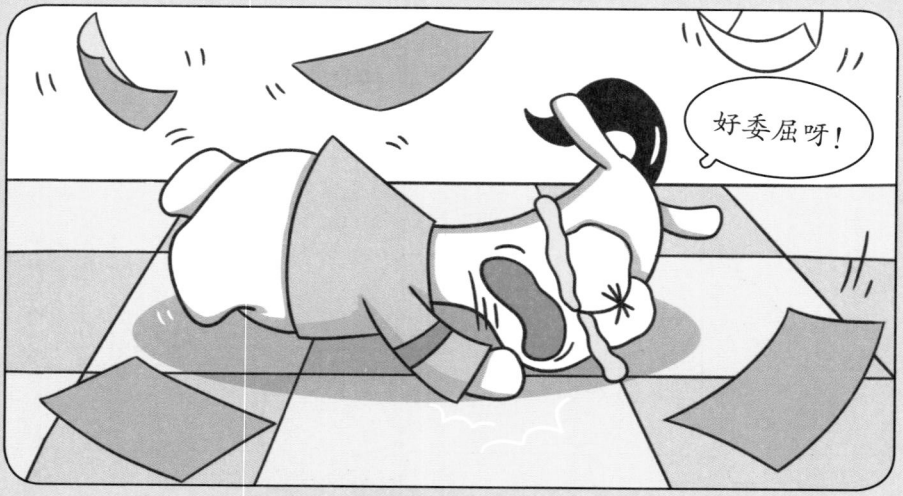

咚妈和咚爸聊的关于工作和工资的事儿，咚咚记在了心里。

这天放学，皮蛋儿约咚咚去他家看动画片。

过了一会儿，皮爸下班回来了。咚咚最近对大人们的工作很感兴趣，好奇地问皮爸："叔叔，您是做什么工作的？"

"我是负责人力资源管理的。"皮爸回答道。

"人力资源管理是做什么的？"咚咚第一次听到这个名词，有些好奇。

"简单来说吧，就是公司每个员工做什么工作，发多少工资，都由我们部门来定。"皮爸解释道。

"那可以随意给员工们定工资吗？"咚咚兴奋地问。

"当然不能啦！定工资是有依据的，不能随便乱定。"皮爸笑着说。

"为什么很多人的工资不一样呢？我爸爸解释了，可我还是不太明白。"咚咚说。

“因为大家的工作岗位不一样，有的工作轻松，有的工作辛苦，辛苦的工作工资可能会高一些。”皮爸说。

“可是，我妈妈的工作很辛苦，工资却不高，这是为什么？”咚咚想起妈妈当时不开心的样子。

“因为你妈妈这个岗位为公司创造的价值不太高。”皮爸说。

“为公司创造的价值？”咚咚听不懂。

“就是给公司带来的利益，比如为公司赚的钱。”皮爸解释说。

“哦，原来是这样！”咚咚恍然大悟。

这时，皮蛋儿也凑了过来，问道：“爸爸，我常听您和妈妈说什么‘多劳多得’，是什么意思？”

“‘多劳多得’就是干得越多，赚得越多。”皮爸说。

“真的是这样吗？”咚咚问道。

“不一定，但是一些计件的岗位，干得多的人的确挣得多呀。”皮爸说。

“什么是计件的岗位？”咚咚问。

“比如包粽子，谁包得又多又好，谁就挣得多。”皮爸说。

“那么，同一个岗位的工作，如果不是计件的，工资就一样多吗？”咚咚又问。

“也不一定。”皮爸说。

“这又是为什么呢？”咚咚十分困惑。

“皮蛋儿，你记得你妈妈的遭遇吗？”皮爸问皮蛋儿。

皮蛋儿想起来了，说：“对呀，我妈妈已经在公司工作 5 年了，可是一个新来的人的工资就比她的高。”

“怎么会这样？难道不是在公司工作的时间越长，工资就越高吗？”咚咚很纳闷儿。

“这是因为新来的那个人工作经验更丰富。同一份工作，皮蛋儿的妈妈只有 5 年的工作经验，但是新来的人有 10 年的工作经验，老板当然更喜欢这个新来的人。”皮爸说。

“可是，这样会让老员工伤心的，我妈妈就特别伤心。”皮蛋儿说。

“那也没办法呀，这就是职场的规矩。”皮爸说。

他们刚聊到这儿，皮妈就回来了，还带回一个新消息。

“我们公司来了两个新人，都是刚毕业的大学生，还在同一个部门工作，可是他们的工资不一样，差 1000 元呢！”皮妈说。

“为什么？”两个小朋友很惊讶。

“因为其中一个人能力较强，而且在应聘时就提出了自己的薪资要求，公司为了留住人才，就给他提供更高的工资。”皮妈说。

“太不公平了！”咚咚说。

“这看起来似乎不公平，但让我们明白：要想获得更高的工资，就要提升自己的能力，并要努力争取。”皮妈说。

“工资是可以变动的，只要我们好好工作，提升能力，就不怕没有涨工资的机会。”皮爸强调说。

不过两个小朋友想的是：“工作的事情太复杂了！”

第3章

爸妈的工资条里有大学问

每个月，爸爸妈妈都会收到公司发的工资。在我们小朋友看来，工资只是一串数字、一笔钱。其实，工资可没有小朋友们想的那么简单，里面的学问可大了！

哆哆的表哥大学毕业后，在一家健身器材公司做销售。

表哥答应过哆哆，挣到钱后就送她芭比娃娃。可是半年过去了，表哥还没有兑现他的诺言呢。

这天，表哥来哆哆家做客。

“表哥，我的芭比娃娃呢？”哆哆问道。

“唉，别提了，我根本没赚到什么钱。”表哥郁闷地说，“我是个销售员，工资和业绩直接挂钩，业绩越好工资就越高。可是，我的业绩一直不太好。”

“业绩不好是什么意思？”哆哆听着有些迷糊。

“就是我卖出去的健身器材太少了。”表哥解释道。

“那你上个月卖出去多少呢？”哆哆好奇地问。

“只卖出去两台跑步机。”表哥不好意思地说。

“那你能挣多少钱呢？”哆哆又问。

“一台跑步机 5000 元，卖出去一台我能拿到 2% 的提成，也就是 100 元……”表哥更加难为情了。

“什么，你才赚了 200 元！”表哥还没说完，哆哆就失望地说道，新的芭比娃娃看来是没指望了。

“其实不止 200 元，因为还有基本工资、全勤奖和保险！”表哥的脸红了，他想挽回点儿面子，赶紧补充道。

“这是什么意思呢？太复杂了！”哆哆本以为老板给员工发工资是一件特别简单的事情。

“哆哆，你以为工资只是几个简单的数字吗？”这时，哆爸过来了。

“爸爸，那您的工资也这么复杂吗？”哆哆问。

“当然啦，几乎每一份工作的工资都有这些内容的。”哆爸说着，起身回了房间，然后拿着一张小纸条走了过来。

“看，这是我的工资条。”哆爸把小纸条递给哆哆。

“工资条？”哆哆仔细看着这张小纸条，上面写着“基本工资”“绩效工资”“奖金”“提成”“午餐补助”“交通补助”“社会保险”“住房公积金”等，每项内容下面还写着不同的数字。

表哥也凑过来看：“舅舅，我没有工资条。”

“那说明你们公司并不正规。”哆爸说，“工资条是公司给员工发工资的凭据，一旦工资出现什么问题，员工就可以拿着这张纸条找公司评理去。”

“而且，我们公司经常到月底还不发上个月的工资！”表哥生气地说。

“你真可怜啊。”哆哆很同情表哥。

“正常情况下，你们公司什么时候发工资？”哆爸问。

“每月 20 号左右，但常拖到下个月，甚至下下个月，时间完全不确定，也不说原因。”

“按照《中华人民共和国劳动法》的规定，公司不得无故拖欠劳动者的工资，你们公司这么做违反了有关规定。”哆爸严肃地说。

“那我该怎么做呢？”哆哆的表哥问道。

“你可以去当地人力资源和社会保障局举报公司的所作所为，尽快要回自己的工资。”哆爸建议道。

“好，就这么办！”表哥想了一会儿说。

依据我国相关法律法规规定，如果公司和员工约定了发工资的时间，可是到了那天，公司因为各种原因发不出工资，可以往后延长几天，但是如果不断往后拖延，就违反了相关法律法规。员工可以采取法律措施来维护自己的权益。

哆哆的表哥要回了自己的工资后，换了一份新工作。

两个月后，表哥给哆哆送来了惊喜。

“哇，芭比娃娃！”哆哆看到表哥手里的芭比娃娃，高兴极了。

“怎么样？我遵守诺言了吧！”表哥高兴地把礼物递给她。

“你一定挣了很多钱，对不对？”哆哆接过礼物后问道。

“反正比以前挣得多，还有五险一金呢！”表哥满足地说。

“太好了！”哆哆由衷地替表哥感到高兴。

第4章

想赚钱就要有耐心

一位经济学家曾经说过：“如果一个人长大后想有一份不错的收入，就要从小养成一种观念——放弃小的、眼前的奖励，耐心等待更大的奖励。”因为有耐心的人才能赚到更多的钱。

哆哆家发生了一些变化：哆妈辞掉护士的工作，自主创业，开了一家玩具店。

哆妈的玩具店刚开业几个月，生意一直不太好。这天傍晚，哆哆和哆爸去店里给哆妈帮忙。哆哆一直以为店里的生意很好，说："妈妈，今天您一定赚了很多钱吧？"

"销售额是 103 元，减去租金和电费，差不多赔了 50 元吧。"哆妈说。

"什么？赔了 50 元！"哆哆以为自己听错了。

"慢慢来吧，过一阵子生意会好一些的。"哆妈安慰道。

"我可不想慢慢来，还是快速地赚大钱比较好！"哆哆不高兴地说。

“什么？快速赚大钱？你是在说梦话吗？”哆爸笑着说。对于努力工作的哆爸来说，他太了解赚钱有多难了。

“我要当大富翁！”哆哆认真地说。

“那好啊，你帮妈妈出出主意，看看怎样才能快速赚大钱。”哆妈乐呵呵地说。

哆哆建议哆妈卖一些小朋友更喜欢的玩具，比如动漫玩具、玩偶等。

第二天，哆妈进货的时候进了 10 个玩偶，让哆哆帮忙售卖。

哆哆自信地说：“我保证一天就把它们全部卖掉，而且至少帮您挣 300 元！”

哆哆兴奋地拿着几个玩偶跑到路边儿去叫卖。

“这里有玩偶，快来买呀！”哆哆卖力地吆喝着。

“看，好可爱啊！”很多小朋友闻声都围上来看。

“很便宜的，80 元一个！”哆哆大声说。

“太贵了！”有个女孩儿不满地说。

大家只是看了看哆哆的玩偶，然后就走开了。哆哆在路边儿叫卖了很久，可是一个玩偶也没卖掉。

过了一会儿，哆爸走过来对她说：“你的玩偶卖 80 元一个，也太贵了吧！这么小的玩偶，卖 30 到 40 元一个就差不多了。”

“如果只卖 40 元的话，那每个玩偶只能赚 20 元，10 个玩偶才赚 200 元，这样赚钱也太慢了！”哆哆不满地说。

“赚钱不能心急，否则连小钱都赚不到。”哆爸耐心地说道。

可不是嘛，她心急地叫卖了半天，结果一分钱都没赚到。

这时，一对母女走过来问她：“玩偶多少钱一个？”

“40 元一个。”好不容易来了顾客，哆哆赶紧改价。

“有点儿贵，30 元一个怎么样？”客人说。

哆哆虽然非常不愿意，但也只能答应：“好吧。”

就这样，哆哆终于卖出去一个玩偶，帮妈妈赚了 10 元钱。这是她一晚上的成果。

“原来赚大钱真的很难。”哆哆总算是认清现实了。

过了一个礼拜，哆哆再去哆妈的玩具店时，发现货架上的玩偶都不见了。

“妈妈，那些玩偶全都卖出去了吗？”哆哆好奇地问。

“对呀。”哆妈笑着说，“每天卖一两个，不知不觉就卖完了！”

“看来，赚钱真的不能着急呀！”哆哆说。

过了几天，哆哆去咚咚家玩儿。

“哆哆，你们家玩具店的生意怎么样？”咚咚问。

“生意已经慢慢变好了。”哆哆高兴地说，“我妈妈说了，赚钱不能心急，我相信以后我们家的玩具店一定会赚很多钱的。”

“我也这么想！”咚咚说。

“不过，难道真的没有暴富的方法吗？”哆哆问道。

几个小朋友坐在一起讨论起“暴富”的事情，咚爸觉得很有趣，就走过来听着。

“大人们常说，卖房子最赚钱，一次能赚好几万甚至几十万元呢！”咚咚说。

“可是，房子的总价很高，而越贵的东西越不好卖，如果没有耐心和毅力，也挣不了大钱。有时一套房子要半年甚至一年才能卖出去呢。”咚爸解释道。

“那做投资呢？我听说这样赚钱很容易。”哆哆说。

“做投资也需要耐心和专业知识呀！如果不认真分析市场，胡乱投资，是不可能赚到钱的。”咚爸接着说，“其实赚钱就像学习一样，要慢慢来，一步一步地往前走，只有努力付出，耐心等待，才会有更多收获。”

“唉，看来真的没有暴富这件事儿啊！”哆哆叹气说。

又过了一段时间，哆哆家的玩具店的生意真的越来越红火了！

第5章

自己的钱自己赚，自己的责任自己担

有的小朋友总喜欢把自己的事情推给别人做，甚至恨不得让别人帮自己学习、写作业。殊不知，我们每个人都要履行自己的责任。我们多偷一点儿懒，将来就会多损失一份财富。

哆哆见到羽灵姐姐穿了一件新连衣裙，非常漂亮。

“这可是我用自己赚的钱买的！”羽灵姐姐骄傲地说。

哆哆看着羽灵姐姐，也渴望能用自己赚的钱买一件衣服，那该多么自豪！

她在小区附近的童装店里看中了一条非常漂亮的连衣裙，想自己买下来。可是，这条裙子卖 399 元，她的存钱罐儿里现在只有 50 元钱，还差很多呢。

“我该怎么赚钱呢？”哆哆想着。

很快，暑假到了。楼上的李阿姨知道哆哆正在攒钱买裙子，找到哆哆，说："哆哆，听说你想自己攒钱买裙子，真棒！咱们小区刚刚开始实施垃圾分类，街道办在召集志愿者，你愿不愿意当小志愿者啊？街道办给志愿者每天 20 元的午餐补助，怎么样？"

"好呀！"哆哆太兴奋了，每天能赚 20 元！

第一个星期，哆哆特别认真负责，每天按时上岗，协助叔叔阿姨、爷爷奶奶把垃圾分类，并投放到不同的垃圾桶中。

第二个星期，哆哆有点儿不耐烦了，抱怨道："怎么总有人分不对垃圾呢？我每天太累了！"

"这是你答应别人的事情，再累也得完成啊。"哆爸说。

"我知道……"哆哆有些无奈。

这天，咚咚约哆哆出去玩儿。

"咱们进行骑自行车比赛吧！"咚咚说。

"好啊好啊！"哆哆推着自行车就往外跑。

“干什么去？到了志愿者上岗的时间了！”哆爸问。

“哎呀，反正您在家，这件事儿就拜托您了！”哆哆迫不及待地出门了。

15 天过去了，哆哆的志愿者工作结束了。李阿姨送来了 300 元钱。哆哆数钱时，哆爸说：“你应该给我一天的补助啊。”

“为什么？”多多很纳闷儿。

“因为有一天的工作是我替你做的！”哆爸说。

“可是，您是我爸爸呀，您帮我是应该的，怎么能跟我要钱呢！”哆哆说着就把 300 元钱装进了自己的存钱罐儿里，根本不想分给哆爸一分钱。

哆爸无奈地看着哆哆，说：“你真是‘小财迷’！另外，我告诉你个好消息吧！叔叔升职了，成为派出所的所长了。”

“叔叔太棒了！”哆哆真心为叔叔感到高兴。

“你叔叔的确很棒，工作 8 年，几乎没有请过一天事假，每次查案都是最积极的。”哆爸说。

“叔叔太辛苦了，总要休息一下吧！”哆哆说。

“当然可以休息啊！但如果你叔叔经常偷懒，动不动就请假、推脱工作，还会有现在的成绩吗？”哆爸说。

“大人好累啊，我都不想长大了。”哆哆说。

哆妈说：“你觉得小孩子过得轻松，是因为你经常把自己的事情推给别人做。”

“我哪儿有？”哆哆反驳道。

“怎么没有！你经常让我帮你收拾房间，让爸爸帮你整理书包，让咚咚帮你做值日，让奶奶帮你做手工。”哆妈列举了很多事儿。

听哆妈这么一说，哆哆不好意思地低下了头。

“哆哆，自己的事情要自己做，无论是赚钱还是学习，都要靠自己的努力去完成。”哆妈说。

“知道了，妈妈。”哆哆低着头说。

从那之后，哆哆对自己的事情独立承担，并认真负责。

周末的一天，哆哆、咚咚和皮蛋儿在社区广场摆了个书摊儿，出售他们看过的书，换点儿零花钱。

书摊儿的生意真不错，三个小伙伴忙得不亦乐乎。

这时，羽灵姐姐过来对哆哆说：“哆哆，我路过童装店时看见有个女孩儿想买你喜欢的那条裙子，店主说就剩那一条了，你再不去买就没有了。”

“真的？”哆哆急得团团转，她一直攒钱，就是为了买那条裙子。她本想放下手里的工作，跑去把那条裙子买下来，可是咚咚和皮蛋儿已经很忙了，她不能走开。

“不管怎么样，我也要等收摊儿了才离开。”哆哆决定做一个有责任心的人。

两个小时后，书摊儿上的书全部卖完了。哆哆飞快地跑回家拿了钱，冲向童装店。

可是，那条裙子卖出去了。

哆哆特别失望，她失落地回到家，坐在沙发上掉眼泪。

“宝贝儿，你怎么哭了？发生什么事儿了？”哆妈问她。

哆哆抹着眼泪说：“我一直想买的一条裙子被别人买走了，为了买这条裙子，我一直在努力赚钱。”

“是这样啊！没关系，我们可以从网上买。”哆妈说。

“对呀，我怎么没想到呢！”哆哆顿时笑了起来。

根据哆哆的描述，哆妈在一个购物平台上找到了一条一模一样的裙子。

哆妈本想把它作为奖励送给哆哆，以表扬她最近做事儿认真负责，但是哆哆不同意，她要用自己赚的钱买这条裙子。

过了几天，哆哆穿着新裙子来到学校，同学们都说：“你的裙子好漂亮呀！”

“这可是我用自己挣的钱买的！”哆哆自豪地说。

第6章

每一种劳动都应该得到尊重

有的人认为工作环境优美、赚钱多的劳动是高级的，而工作环境差、报酬低的劳动是低级的。这种观念是错误的！在我们的社会中，每一种劳动都是平等的，没有高低贵贱的区别，只是分工不同罢了。

咚咚从来没当过班干部，他一直梦想着能当上班长，在班里“呼风唤雨”。新学期马上就要开始了，咚咚为了竞选班长，在假期里可是付出了十二分的努力呢！他把自己写的竞选演讲稿改了又改，背了又背。

终于开学了，第一天的班会就是班干部竞选。所有参与竞选的同学演讲结束后，大家开始投票。

咚咚从来没有这么紧张过。

最后，班主任王老师公布竞选结果：“祝贺咚咚同学当选卫生委员！”

同学们都使劲儿鼓掌，但咚咚一点儿都高兴不起来。

放学后，咚咚跑到教师办公室对王老师说：“老师，我不想当卫生委员，太没意思了！我要当班长，班长多威风啊！”

“其实所有班干部都是平等的，班长和卫生委员的区别不过是分工不一样罢了。”王老师解释说，“你知道为什么大家选你当卫生委员吗？”

“不知道。”咚咚摇摇头。

“因为你劳动的时候非常积极，而且人缘儿特别好，老师希望你能激发同学们的劳动热情，争取让咱们班在这个学期被评为‘卫生先进班集体’！”王老师鼓励道。

王老师这么一说，咚咚勉强接受了卫生委员这个职务，但心里依然有点儿不舒服。

回家的路上，皮蛋儿和哆哆不停地开导咚咚，可咚咚就是高兴不起来。

咚妈下班回来了，一进门就高兴地说：“今天总经理夸奖我们客服部门了，说我们这些客服是公司的‘福星’！”

“客服怎么可能是公司的‘福星’呢？”咚咚不以为然地说。

“客服为什么不能成为公司的‘福星’？”咚妈纳闷儿地问。

“因为我觉得接电话之类的并不是什么重要的工作啊！”咚咚认真地解释道。

“接电话也很重要啊！就因为我们客服人员接待客户时既热情又专业，所以还帮公司赚了很多钱呢！”咚妈反驳说。

“真的吗？”咚咚很惊讶。

“当然是真的！”咚妈兴奋地说，“有个客户打电话咨询有关产品的问题，我耐心、认真地帮他解答，他非常满意，结果他非常认可我们公司，给我们公司介绍了一个大客户呢！”

“这可太酷了！”咚咚佩服地说。

“其实每个人的工作都是在帮公司赚钱，只是有的赚得多，有的赚得少而已。”咚妈说。

“我不信！就拿保洁员来说吧，不就是扫扫地嘛，根本不可能帮公司赚钱！”咚咚十分肯定地说。

“如果保洁员把公司打扫得一尘不染，其他员工一进门就会心情愉悦，工作也会更加努力，为公司赚更多的钱。这其中就有保洁员的功劳啊！”咚妈思路很清晰地说。

“可是，这点儿功劳也不算什么呀！”咚咚不屑地说。

“如果客户来公司参观，看到干净、整洁的大厅、电梯、办公室等，就会对公司产生好印象，更愿意和我们合作，这个功劳算大了吧！”咚妈进一步引导说。

“还可以。”咚咚说，“但我不会当保洁员的，我要当总经理、大老板！”

“可是，总经理、大老板只有一个，公司还需要其他员工，每个岗位都必须有人来做啊！”咚妈说。

“就算不当大老板，我也绝不做保洁员！”咚咚说。

“你可以不当保洁员，但不可以看不起保洁员！”这时，咚爸走过来说，“工作是平等的。如果每个人都嫌脏嫌累，不清扫马路，那我们的道路就没法走了。”

劳动包括脑力劳动和体力劳动。脑力劳动就是需要动脑筋的劳动，比如作家创作作品。我们学习也是一种脑力劳动。体力劳动就是需要用体力的劳动，比如农民伯伯种地。这些劳动都是平等的，每一种劳动都需要有人参与。

咚咚认真思考了这个问题，觉得这和班级管理很像。他想："如果所有的同学都当班长，没有人当卫生委员、文艺委员、体育委员，那么班级工作就会乱成一锅粥。"

咚爸接着说："其实社会就像一个公司，每个公司又像一个家庭。家庭里有很多家务需要做，比如做饭、整理房间、扫地、刷碗、洗衣服、刷马桶等。这些家务需要一家人分工完成，如果大家都嫌脏嫌累，那会怎么样呢？"

"那家里就没法儿住了！"咚咚说。

"所以我们要尊重每一种劳动。"咚妈说，"为了表达对所有劳动者的重视，人们还设立了'国际劳动节'呢！"

我们的社会就像一台机器，而每一种工作或者劳动就像组成这台机器的螺丝钉，一旦少了一颗螺丝钉，这台机器随时都可能停工、散架。

“原来设立劳动节是为了让我们明白这个道理啊！”咚咚恍然大悟。

“你知道吗？其实国内外很多国家领导人都出身于普通劳动者家庭呢！”咚爸说。

“真的吗？简直太不可思议了！”咚咚总算是明白了，原来所有的工作都是平等的，而且每一份工作都很重要。

第二天，咚咚一到教室就带着同学们打扫卫生。

“咚咚真是干劲儿十足呢！”哆哆说。

“看来他已经不再纠结当不当班长的事儿了。”皮蛋儿说。

两个月后，王老师告诉大家一个好消息：“我们班被评为‘卫生先进班集体’了！”

同学们都很高兴。

这时，王老师又说：“我们取得这么好的成绩，离不开咚咚同学的努力，让我们给咚咚同学鼓鼓掌吧！”

同学们使劲儿地鼓掌，咚咚都有点儿不好意思了。

“咚咚同学，给我们讲几句吧！”王老师说。

咚咚站了起来，大声说：“既然大家选我当卫生委员，我就要好好工作，多为班级做贡献！”

“太棒了！”同学们的掌声更响了。

第7章

小朋友也能用双手挣来报酬

我们小朋友从爸爸妈妈那里免费获得的东西很多很多，比如零花钱、玩具、衣服等。有的小朋友不知不觉就养成了坐享其成的坏习惯。其实，我们也可以参加一些劳动，不但能体会赚取报酬的酸甜苦辣，还能证明自己的价值呢！

这个周末，咚咚的爷爷奶奶来了。晚饭时，大家边吃边聊。

“我小时候从来没吃饱过，哪儿像现在这么幸福啊！”爷爷笑着说，“不过我很勤快，慢慢地就把日子过好了。”

“爷爷，爸爸一定是向您学习的才这么勤快吧！”咚咚说。

“哈哈哈，你爸爸的确很勤快，而且在上小学的时候就知道挣钱了。”爷爷笑着说。

“爷爷，您快给我讲讲吧。”咚咚的好奇劲儿上来了。

“那时啊，家里穷得很，你爸爸就经常上山挖野菜、摘野果，然后，背到十几里*外的集市上卖，好的时候能卖 5 元钱呢。”爷爷一边儿回忆一边儿说。

“5 元钱？这么少！”咚咚惊奇地说。

“这你就不知道了。那个时候的 5 元钱可不算少，大概相当于现在的 50 元呢！”奶奶解释说。

* 1 里＝500 米。

“你爸爸考上了中学后，每个假期都去饭店当服务员，一个月能挣 300 元。那个时候的 300 元相当于现在的 3000 元呢！”爷爷感慨地说。

“爸爸太厉害了！”咚咚由衷地赞美道。

“对呀，他从小就知道赚钱的辛苦，所以才不会乱花钱，省吃俭用地过日子。”奶奶说。

听着长辈们讲这些往事，咚咚既为爷爷和爸爸的勤俭感到自豪，又为自己平时什么都不做而感到有些惭愧。

过了几天，咚咚对咚妈说：“妈妈，我也想像爸爸小时候那样自己挣钱。”

“当然可以啊，但是不能影响学习。”咚妈问他：“你想怎么挣钱？”

“我已经和楼上张叔叔说了，暑假期间我想去他开在游乐园的商店里帮他卖东西。”咚咚说，“您放心吧。我会写完暑假作业再去。”

“好吧。”咚妈没有反对。

咚咚要去游乐园卖东西，哆哆也尝试着投稿赚钱呢。她看到一家少年杂志社正在举办作文比赛，决定去游乐园找找写作灵感。

哆哆在父母的陪伴下来到游乐园。不远处，坐过山车的小朋友们发出既害怕又兴奋的尖叫声；水上乐园中的小朋友们在嬉戏打闹，像在过泼水节；骑着旋转木马的小朋友们转着圈、唱着歌。

“天气太热了。”哆爸说。

“爸爸妈妈，我去给你们买水吧。咚咚就在游乐园卖东西呢，我去给他捧捧场！”哆哆说。

“矿泉水 1.5 元一瓶，三瓶是 4.5 元，你是我的好朋友，可以享受打折优惠，所以三瓶只要 3 元。”咚咚十分大方地说。

“你真是太好了！”能节省 1.5 元钱，哆哆非常开心。

“你今天不是来游乐园找灵感的吗？找到了吗？”咚咚问。

“当然找到啦，我一定会写出一篇非常精彩的作文的！”哆哆自信地说。

晚上吃完饭，咚咚高兴地向咚妈展示自己的劳动成果，说："看，我帮张叔叔卖东西，张叔叔奖励了我 10 元钱！"

咚妈把他称赞一番后，说："其实，学习也是在赚钱。"

"我天天学习，也没人给我钱啊！"咚咚说。

"知识就是财富！你现在所学的知识，会成为你长大后赚钱的好帮手。"咚妈解释说。

"真的吗？"咚咚有点儿不相信。

"当然啦！比如，医学知识可以帮助医生赚钱，经济学知识可以帮助企业家赚钱，你想想是不是这样。"咚妈说。

咚咚恍然大悟："真的是啊，我们上学就是在赚钱啊！"

半个月过去了，哆哆高兴地告诉朋友们一个好消息："我的作文获奖了，我还得到 50 元稿费呢！"

"太棒了！以后我们就叫你'小作家'了！"好朋友们由衷地祝贺她。

第8章

骗子多多，我们要学会保护辛苦挣来的钱

我们都知道，想过上富足的生活，就要用自己的双手和智慧努力挣钱。但是社会上有很多骗局，我们要学会保护好自己和家人辛苦挣来的钱，不能让辛苦挣来的钱落进坏人的口袋里。

哆哆一家人刚吃完晚饭，邻居张爷爷突然来访。

“我们是关系很好的老邻居了，我告诉你们一个赚钱的好项目啊！”张爷爷兴奋地说，“××公司的基金收益特别好，只要投入1万元，两年就能赚5万元呢！”

“什么，投资1万元，两年能赚5万元？怎么会有这么容易的事儿？”哆爸惊呆了。

“这家公司很厉害的，商场、电视上都有他们的广告呢！”张爷爷自信地说。

“收益越高，风险越大。收益这么高，可能风险非常大，您还是谨慎一点儿好。”哆爸提醒他说，“要不您和家人商量一下再买吧。”

“有什么可商量的，我自己的事情自己能做主！”张爷爷看哆爸不太相信，有点儿生气了。

大人们常说的买基金就是买证券投资基金，买基金是有风险的，购买时要特别谨慎。有些诈骗团伙借基金之名行骗，大家一定要警惕哦！

张爷爷瞒着家人投资了 2 万元，本想高高兴兴地坐等 10 万元的收益，谁知等来的却是个坏消息。

这天，张爷爷突然接到警察打来的电话：“张大爷，您被诈骗集团骗了，他们已经卷钱跑了。”

张爷爷这才相信自己被骗了。

“怎么办，我的 2 万元就这么没了！”张爷爷非常后悔，但也无计可施。

“这群骗子真是太坏了，希望警察叔叔早点儿抓住他们，把张爷爷的钱要回来。”听说这事儿后，哆哆非常气愤。

这件事儿在小区内传开了，所有人都提高了警惕，以防上当受骗。

这天，咚妈正在厨房做饭，她的手机突然响了。“咚咚，帮妈妈接一下电话！”咚妈在厨房喊道。

“好的！”咚咚赶紧跑过去接电话。

咚咚接通电话后便说：“喂，您好！”

电话那边说：“小朋友，请问你妈妈是 × × × 吗？”

“对呀，你怎么知道？”咚咚好奇地问。

“你妈妈在网上买的衣服被查出有质量问题，现在我们要给她办理退款业务。你妈妈现在很忙吗？”

“对，她在做饭呢！”咚咚毫无防备。

“那你就帮她操作一下退款程序吧。”

“好的。”咚咚按照电话里所说的，一步步地操作起来。

“现在请输入银行卡密码。”电话那边的人说。

“妈妈，您的银行卡密码是什么？”咚咚大声问道。

“为什么要银行卡密码？”咚妈觉得很奇怪，就把燃气灶关了，自己接过电话，问个究竟。

“您是哪位，怎么还让我输入银行卡密码啊？”

电话那边的人说："您在一个网站买的衣服被查出有质量问题，现在我们要给您办理退款业务。"

咚妈疑惑地说："我很久没有从网上买过衣服了，另外，你为什么要银行卡密码？"

对方听后马上说："对不起，我打错电话了。"然后立刻挂断了电话。

咚妈想了一会儿，觉得打电话的人肯定是个骗子，就对咚咚说："咚咚，以后接电话时要特别注意，如果对方向你要身份证号码、银行卡密码等，你就要小心，千万不要上当！"

"哦！"咚咚听了有点儿后怕，如果他知道咚妈的银行卡密码，估计刚才就已经按照骗子的指令输入密码了，那后果将不堪设想。有了这次经历后，咚咚变得更加谨慎了。

周末，咚咚、哆哆和皮蛋儿三个小伙伴去公园玩儿。皮蛋儿最近存了不少钱，兴奋地大声炫耀说：“我这半年存了 600 元钱！我今天都带出来了！”

“嘘，小点儿声，小心被坏人听到。”咚咚对两个好朋友说。

“哪儿有那么多坏人！”皮蛋儿满不在乎地说。

“我爸爸说了，出去玩儿的时候不要‘露富’，否则会被坏人盯上的。”咚咚小声地对他们说。

“咚咚说得对，一定要小心骗子、小偷。”哆哆说。

“好吧，你们说的有道理。”皮蛋儿拍拍自己的书包说，“我把 600 元钱和存折都放在书包里了，等会儿玩儿完，我再去银行把钱存起来。”

“你这样带着钱和存折出来玩儿太不安全了，咱们现在就去银行吧，存完钱再玩儿也不迟啊。”咚咚说。

“好吧。”皮蛋儿接受了咚咚的建议。

三个人一起来到银行，把钱存入银行账户中。

“咱们先把存折放回家，然后再出来玩儿吧。”这时，咚咚又说。

皮蛋儿刚要拒绝，银行的工作人员就说：“这个小朋友的安全意识很高啊！你们的确应该把存折放回家再出来玩儿。”

“行，听你们的。”皮蛋儿答应了。

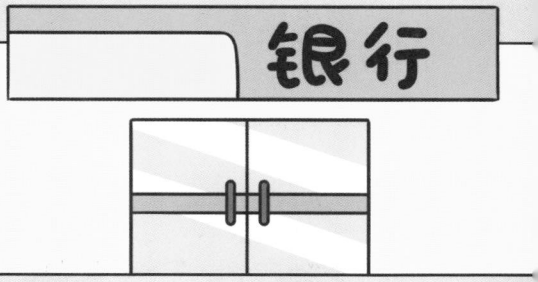

什么是“露富”呢？就是显露出自己身上有钱。很多有钱人都不敢随便露富，因为他们害怕被坏人盯上。小朋友出去玩儿时也一定要保持低调，不能让别人知道我们身上有钱，否则小偷、骗子就会打我们的主意。

周末的下午，咚咚和咚爸坐公交车去看电影。

车上人很多，挤来挤去的。咚咚意外发现有个人正把手悄悄伸向别人的口袋，他拽了拽咚爸的衣袖，咚爸也看到了这一幕。

咚爸刚好坐在司机后边儿，就悄悄把这件事儿告诉了司机。

“车上人多，请大家保管好自己的财物！”司机大声提醒道。

车上的人一听，都赶紧检查并捂好自己的包和口袋，那个小偷没有得手。

车到站了，咚咚盯着那个小偷，发现他趁乱下车走了。

小朋友们知道吗？当我们乘坐公交车时，如果听到司机或者乘务员说“车上人多，请大家保管好自己的财物”时，那就说明车上可能有小偷，这时我们一定要提高警惕，保护好自己的财物。